VICES RÉDHIBITOIRES.

LE TIC SANS USURE DES DENTS.

Examen de la question suivante :

L'HABITUDE DE MANGER LA TERRE, *que contractent certains chevaux, est-elle considérée, dans la science et dans la profession vétérinaires, comme une des espèces du vice rédhibitoire connu sous le nom de* TIC SANS USURE DES DENTS ?

En d'autres termes, et plus spécialement :

Le législateur, dans la loi du 20 mai, a-t-il entendu par ces mots « LE TIC SANS USURE DES DENTS » *désigner particulièrement ou comprendre implicitement* L'HABITUDE DE MANGER LA TERRE *qu'on remarque sur certains chevaux ?*

Par M. RENAULT,

Directeur de l'Ecole impériale vétérinaire d'Alfort.

Extrait du RECEUIL DE MÉDECINE VÉTÉRINAIRE.

C'est là, ce semble, une question bien simple pour quiconque est un peu versé dans le langage de l'hippiatrie et dans les traditions de notre jurisprudence en matière de garantie rédhibitoire ; et elle peut paraître au moins naïve si elle est adressée à des vétérinaires.

J'ai donc besoin, avant tout, de m'excuser, en quelque sorte, auprès des lecteurs du *Recueil,* d'avoir cru utile de la discuter dans ce journal, et, surtout, de l'avoir traitée avec tant de développement dans le rapport qui va suivre. On verra, par la solution que lui a donnée le tribunal civil de Tonnerre, que ces développements n'étaient pas superflus, puisque, si étendus et, pourquoi ne le dirais-je pas, si complets qu'ils aient été, **ils n'ont pas paru suffisants à ce tribunal** pour l'amener à juger cette question par la négative : puisque, nonobstant **les** raisons graves, nombreuses, péremptoires suivant moi, qui semblaient lui commander une décision contraire, il a jugé que *l'habitude de manger la terre* était le vice, ou l'un des vices désignés dans la loi sous le nom de *tic sans usure des dents.*

Voici, d'abord, très-sommairement, les circonstances dans lesquelles j'ai été appelé à émettre mon opinion sur cette question :

Un cheval vendu à Tonnerre, le 30 septembre 1854, y avait été l'objet d'une requête au juge de paix, aux fins de la constatation d'un vice soupçonné rédhibitoire. L'expert nommé à la suite de cette requête, M. Thierry, avait dressé un procès-verbal constatant, chez ce cheval, l'habitude de manger de la terre ; habitude qu'il qualifiait « TIC *de man-* « *ger de la terre,* » et qu'il considérait comme étant le vice rédhibitoire désigné dans la loi sous le nom de « *tic sans usure des dents.* »

Saisi de cette contestation, le tribunal civil de Tonnerre n'osa pas adopter tout d'abord l'opinion de M. Thierry, bien qu'il n'ignorât pas qu'elle avait déjà la consécration de deux jugements rendus antérieurement par le tribunal civil d'Auxerre ; et bien qu'elle fût soutenue par un mémoire à l'appui, rédigé officieusement par l'expert quand il avait connu les scrupules du tribunal. Il y avait, suivant lui, dans ce procès, « une question de principe vétérinaire sur laquelle il éprouvait le be- « soin d'être plus complétement informé avant de se prononcer : » et c'est pour arriver à ce complément d'information qu'il me fit l'honneur de soumettre à mon examen le procès-verbal du premier expert, à l'effet par moi, « de dire si, au vu de ce procès-verbal, j'admettais ou « non, qu'il y eût, chez le cheval qui en fait l'objet, « le tic sans usure « des dents. »

Dans des circonstances ordinaires, je me serais borné, dans ma réponse, à faire connaître aux juges, d'une manière très-générale, quel était, à cet égard, le sens donné, dans la science comme dans la pratique vétérinaire, aux mots « tic sans usure des dents ; » et à affirmer que si, par hasard, l'habitude de manger de la terre avait été considérée comme une variété de *tic* pouvant être comprise dans cette appellation, ce n'était qu'une opinion purement individuelle, sans motif sérieux et, surtout, sans consistance comme sans autorité aucune parmi les hommes du métier.

Mais, réfléchissant que je m'adressais à des magistrats, étrangers par la nature de leurs études et par leurs préoccupations journalières aux choses de notre profession; que ces magistrats se trouvaient en présence d'une opinion contraire à la mienne, consciencieusement exprimée et habilement présentée par un vétérinaire instruit et entouré d'une juste considération; réfléchissant, surtout, que, déjà, antérieurement, un tribunal du même département avait accueilli cette interprétation de la loi et lui avait donné une espèce de sanction dans deux jugements successifs; j'ai regardé comme un devoir résultant de la confiance dont j'étais honoré et des circonstances mêmes dans lesquelles l'affaire se présentait, de donner à mon rapport la forme et les développements d'un mémoire à consulter, et d'y accumuler tous les textes, d'y invoquer toutes les autorités et tous les faits qui me semblaient les plus propres à éclairer le tribunal, et à lui faire adopter l'opinion que je croyais et crois encore être la plus conforme à la vérité scientifique et à la signification de la loi.

L'adoption par les magistrats de Tonnerre d'une interprétation contraire à celle que j'indiquais, prouve de reste que j'ai eu raison de regarder la question comme très-sérieuse.

Or, elle vient d'acquérir une gravité nouvelle par ce jugement qui, dans le département de l'Yonne du moins, semble consacrer une jurisprudence arrêtée dans l'espèce.

Il m'a donc paru qu'elle ne devait pas passer inaperçue par les vétérinaires, si intéressés à bien connaître ces sortes de questions, et aussi aptes que personne à les éclairer. C'est pourquoi, et, aussi, pour les mettre à même d'apprécier le mérite de mes conclusions, et le fondement, au point de vue vétérinaire, de la jurisprudence, erronée à mon sens, des tribunaux de l'Yonne, je soumettrai à leur examen le rapport où mon opinion se trouve développée; je ferai connaître ensuite *in extenso* le dispositif du jugement de Tonnerre, en l'accompagnant de quelques remarques critiques sur les considérants.

Voici mon rapport :

A Messieurs les Président et Juges composant le tribunal civil de première instance de Tonnerre.

Messieurs,

Un procès est pendant devant vous entre le sieur VALLIER, cultivateur à Tonnerre, demandeur aux fins d'une action rédhibitoire ; et le sieur PLAGELET, demeurant à Aisy, défendeur. Par votre jugement interlocutoire en date du 20 octobre dernier, dans le but d'éclairer une question d'interprétation de la loi du 20 mars 1838, question ressortissant à la science vétérinaire et de la solution de laquelle dépend essentiellement l'issue du procès, vous m'avez fait l'honneur de renvoyer à mon examen le procès-verbal de l'expert qui soulève et tranche cette question ; et vous m'avez invité à vous donner mon avis sur le mérite de cette pièce au point de vue de ses conclusions.

S'il ne s'était agi, Messieurs, que d'une opinion à émettre sur une de ces difficultés d'interprétation qui se rencontrent quelquefois dans l'application des lois réglant des matières qui échappent par leur nature toute spéciale à l'appréciation des magistrats, mais sur la solution desquelles les hommes s'occupant de ces spécialités sont d'accord ; j'aurais pu me borner à vous exposer sommairement mon avis particulier, en l'appuyant de quelques considérations générales suffisantes pour en bien établir le fondement dans l'espèce.

Mais, et vous ne l'ignorez pas, la question qui s'agite dans ce procès a déjà été examinée deux fois, dans des espèces semblables, par des juges de votre contrée ; et, deux fois, le tribunal qui en a été saisi, celui d'Auxerre, l'a décidée dans le sens que vous propose l'expert dont vous me soumettez le procès-verbal, et que je crois erroné.

D'un autre côté, il est constant que le vice dont paraît être atteint le cheval sujet de cette contestation, est assez commun sur les chevaux de votre département ; et, pour cette raison, il est d'une grande importance commerciale que la jurisprudence puisse être fixée définitivement sur la question de savoir s'il doit, ou non, être regardé comme l'un de ceux réputés rédhibitoires par la loi du 20 mai.

J'ajoute, enfin, que, bien qu'ils soient en très-petit nombre, il est des écrivains, vétérinaires et jurisconsultes, ainsi que quelques praticiens consciencieux, qui professent ou adoptent la doctrine du tribunal d'Auxerre sur le vice dont s'agit, et semblent donner ainsi une certaine consistance, au point de vue scientifique, à l'opinion émise par l'auteur du procès-verbal que j'ai à examiner.

Dans cet état de choses, j'ai pensé que je répondrais mieux à la confiance dont vous m'avez honoré, en traitant avec tous les développements qu'elle comporte cette question qui, pour les raisons que je viens d'indiquer, est à la fois une question d'espèce et une question de principe d'un intérêt général.

Mais, d'abord, pour motiver et circonscrire ma discussion, j'ai besoin de rappeler en deux mots le sujet du procès.

Le 30 septembre dernier, le sieur Vallier a acheté du sieur Plagelet un cheval chez lequel, quelques jours après, il a cru reconnaître l'existence d'un vice rédhibitoire. En conséquence, il a adressé requête, à fin de nomination d'expert, à M. le juge de paix du canton de Tonnerre ; et ce magistrat a commis en cette qualité M. Thierry, vétérinaire, qu'il a chargé de rechercher et dire la nature du vice dont le cheval pouvait être atteint. Examen fait de cet animal, l'expert a constaté son état dans les termes suivants :

« L'animal n'offre pas cette vigueur dans les allures, cette gaîté, ce
« facies général qui témoignent une parfaite santé : au contraire, les
« mouvements sont nonchalants ; l'habitude extérieure réflète une tris-
« tesse particulière ; les poils sont piqués ; les crins sont crépus,
« comme rongés, cassants, s'arrachant avec une grande facilité ; les
« membranes muqueuses apparentes sont décolorées, pâles. D'un
« autre côté, l'animal n'a pas ou presque pas d'appétit ; il saisit et
« mange très-lentement les aliments qu'on lui présente, lors même
« que c'est de l'avoine : mais, en revanche, il lèche et mord les murs ;
« il se jette avec avidité sur la terre qu'on lui présente et qu'il mange
« mieux que de l'avoine. Abandonné dans un champ, il se campe
« aussitôt à ramasser et saisir la terre avec sa bouche et à la manger.

« La bouche, inspectée avec attention, ne présente aucune usure
« des dents.

« Tous lesquels symptômes caractérisent parfaitement ce que les
« maquignons appellent la *jaunisse,* et qui, dans leur langage, est

« synonyme de *vice de manger la terre*. C'est une affection générale
« avec altération grave des voies digestives, se traduisant par cette
« aberration de l'appétit qui porte l'animal à l'habitude vicieuse qu'on
« désigne sous le dom de *tic de manger la terre.*

« Pourquoi j'estime que le cheval objet de mon expertise est atteint
« du vice rédhibitoire « *le tic sans usure des dents.* »

D'où il suit, d'après l'expert, qu'un cheval qui a l'habitude de manger de la terre est atteint du vice rédhibitoire que la loi du 20 mai
1838 a désigné sous cette appellation, « LE TIC *sans usure des*
« *dents.* »

Le défendeur, sans chercher à contester que le cheval vendu par
lui eût l'habitude de manger la terre, s'est borné à soutenir que ce vice,
existât-il, ne constituait pas plus le tic sans usure des dents qu'aucun
autre cas rédhibitoire. En conséquence, il a conclu à ce que l'acqué-
reur fût débouté de sa demande.

En présence de ces prétentions contraires relativement à une question que vous avez appelée « une question de principes vétérinaires, »
éprouvant le besoin d'être plus amplement éclairés, vous avez décidé,
avant faire droit, que le procès-verbal de M. Thierry me serait adressé
pour que j'eusse à l'apprécier et à dire si, au vu de ce rapport, j'ad-
mets, ou non, qu'il y ait, chez le cheval qui en fait l'objet, « *le tic sans*
« *usure des dents.* »

J'ai reçu ce procès-verbal en minute; et je l'ai lu avec la plus grande
attention, ainsi qu'un mémoire à l'appui, dressé officieusement par
l'expert et qui m'a été envoyé en même temps par l'avoué du demandeur. Mais, comme j'ai eu l'honneur de le dire plus haut, je ne saurais
partager l'opinion de ce vétérinaire : en d'autres termes et d'une manière générale, je ne crois pas que *l'habitude de manger la terre,*
qu'ont certains chevaux, puisse être regardée comme ayant été classée
par le législateur au nombre des vices rédhibitoires sous le nom de
« *tic sans usure des dents.* » — C'est cet avis que je vais essayer de
faire prévaloir auprès de vous.

J'ai eu l'honneur de vous le dire, je sais bien que, une première fois,
en 1839, par son jugement longuement motivé en date du 18 avril;
et, une deuxième fois, en 1847, par un nouveau jugement conforme

rendu dans une circonstance semblable, le tribunal de commerce d'Auxerre a cherché à établir une jurisprudence consacrant un système d'interprétation contraire à celui que je crois être le vrai. Je sais bien, aussi, que cette jurisprudence a reçu l'approbation de MM. Huzard fils et Harel, dans l'ouvrage justement estimé qu'ils ont publié, en 1844, sur « la garantie et les vices rédhibitoires. » Mais, à mon sens, si fondés qu'ils puissent paraître en équité et dans leur rapport avec les principes généraux écrits dans l'article 1641 du Code civil, les considérants sur lesquels reposent ces jugements, non plus que les raisonnements à l'aide desquels ils sont appuyés par MM. Huzard fils et Harel, ne sauraient supporter un seul instant d'examen sérieux en présence de la loi du 20 mai, dont ils méconnaissent à la fois et les termes les plus précis, et l'esprit le plus manifeste.

En effet, en ce qui concerne le jugement rendu à Auxerre en 1839, point de départ de cette hérésie dans notre droit rédhibitoire, voici comment a été motivée la décision du tribunal :

« Considérant que la loi a rangé parmi les vices rédhibitoires *un « certain nombre d'affections,* sous la dénomination de *tic sans « usure des dents,* et qu'il s'agit de savoir si le cheval qui fait le sujet « de la contestation est atteint *d'une affection qui rentre dans cette « catégorie ;*

« Considérant que *le tic* est défini par LES auteurs, une habitude « vicieuse résultant de lésion de l'estomac ou d'une irritation plus ou « moins vive de cet organe, qui porte *quelquefois* l'animal qui en est « atteint à saisir avec ses dents les corps environnants ; que cet état de « l'estomac se manifeste encore par *d'autres symptômes ;* que, dans « l'espèce, le cheval est atteint d'un vice qui le porte à manger de la « terre ; que ce vice reconnaît précisément pour cause une même lé- « sion ou irritation de l'estomac ; que cette affection a reçu avec rai- « son des auteurs le nom de *tic ;*

« Considérant que la loi, en rangeant au nombre des cas rédhibi- « toires « *le tic sans usure des dents,* » *a laissé aux tribunaux « l'appréciation des cas où ils reconnaîtraient un tic ou habitude « vicieuse,* etc...... ;

« Considérant que le vice dont est atteint le cheval objet de la con-

« testation est *un tic* que ne peut faire reconnaître l'état des dents, et
« considérant que ce cas est prévu par la loi du 20 mai 1838, dans son
« article 1ᵉʳ, sous le nom de « *tic sans usure des dents*, » etc.....

« Par ces motifs, etc..... »

Est-il donc vrai, ainsi que le déclare en termes si absolus le tribunal,
que LES auteurs définissent LE TIC comme il le définit lui-même dans
l'un de ses considérants? Est-il vrai, comme il le pose en principe,
sans hésiter, que, dans la loi du 20 mai, les mots « *tic sans usure des*
« *dents* » soient une désignation collective embrassant dans sa signification *un certain ordre d'affections?* Est-il vrai, encore, que le législateur ait laissé aux tribunaux à apprécier celles des habitudes vicieuses du cheval qu'il conviendrait de faire rentrer dans ce certain
ordre d'affections? C'est ce qu'il importe de rechercher : car, avec
quelques considérations générales d'équité mises en avant par l'expert
dans son mémoire, et développées dans l'ouvrage de MM. Huzard fils
et Harel, ce sont là les seules données sur lesquelles repose la doctrine dont je cherche à démontrer le peu de fondement.

Toutefois, si grand que soit mon désir d'être bref, la première de ces
questions étant de celles qui ne peuvent être éclairées et nettement ré-
solues qu'avec des textes ; et ces textes n'empruntant pas seulement
leur valeur aux sources auxquelles ils peuvent être puisés, mais encore
à leur nombre et à leur concordance, vous me permettrez, Messieurs,
de multiplier assez les citations pour établir avec toute l'évidence dé-
sirable en pareil cas, la signification donnée de tout temps au mot *tic,*
soit dans le langage des anciens hippiatres qui l'ont, en quelque sorte,
introduit dans notre science ; soit dans la technologie des vétérinaires
modernes, dans laquelle il a été conservé. Je ne remonterai pas au
delà du milieu du XVIIᵉ siècle, et je ne citerai que les auteurs les plus
autorisés de chaque époque.

— Le premier livre d'un peu de mérite qui se rencontre à cette pé-
riode de l'hippiatrie, est dû à JOURDAIN ; il est de 1647, et est intitulé :
« *La vraye cognaissance du cheval.* »

Voici comment l'auteur y définit LE TIQUE : « Les signes de ce mal
« sont quand le cheval *retort la teste* et qu'il *serre les oreilles ,* et
« quand les yeux se contournent et qu'il tient *la bouche serrée* et la

« queue étendue, et que les flancs sont abattus, et qu'il *appuie les*
« *dents sur la mangeoire* et qu'il la corrode *en étendant le cou.* » Il
n'est question dans ce livre d'aucun autre tic.

— Cinquante ans après, en 1698, DE SOLLEYSEL, le plus célèbre,
sans contredit, des anciens hippiatres, s'exprime ainsi, dans son
« *Parfait mareschal,* » à l'égard du *tic* auquel il consacre un article
très-complet et fort remarquable : « Il faut, avant de conclure marché
« pour un cheval, voir s'il n'est pas *tiqueur,* c'est-à-dire s'il n'a pas de
« TICQ ; ce qui se voit s'il a les dents de dessus ou de dessous usées ; et
« encore mieux, le voyant manger ; car *il appuiera le haut des*
« *dents contre la mangeoire et fera comme un rot du gosier ; c'est*
« *ce qu'on appelle le* TICQ ; et, avec ce défaut, je ne voudrais pas un
« cheval pour beaucoup de raisons. »

Solleysel reconnaît des chevaux qui, en tiquant, « ont les dents
« toutes usées » et d'autres « chez lesquels on ne peut reconnaitre ce
« défaut qu'en les voyant tiquer, car on ne saurait le reconnaître aux
« dents *qui ne s'usent point.* »

Mais cet auteur, qui entre dans les plus grands détails sur toutes les
manières de « ticquer » que peuvent avoir les chevaux, assigne toujours au tic, comme caractère essentiel, le « rot ou râlement, » avec
ou sans appui, avec ou sans usure des dents. — D'autres tics quel-
conques, il n'en dit pas un mot.

— DE GARSAULT, capitaine des haras du roi, qui, en 1755, un demi-
siècle après de Solleysel, écrivit le « *Nouveau parfait maréchal,* »
ouvrage qui eut cinq ou six éditions, définit ainsi le tic :

« Le TIC est une mauvaise habitude que contractent quelques che-
« vaux. *Il* se dénote par *un mouvement convulsif du gosier accom-*
« *pagné d'une espèce de rot ;* ils appliquent cette habitude en diffé-
« rentes actions et occasions ; plusieurs tiquent *en appuyant les dents*
« ou *sur la longe du licol,* ou *contre la mangeoire ou au fond,* ou
« *sur le timon ;* d'autres tiquent *en l'air* ou *sur la bride.* On recon-
« naît *les tiqueurs qui appuient sur les dents* en les voyant *usées.*
« Le tic peut se communiquer dans une écurie. Cette incommodité
« peut nuire à la vente d'un cheval. »

Rien non plus, dans de Garsault, qui ait trait à *l'habitude de manger de la terre* ou à toute autre.

— LAFOSSE, ce grand et savant praticien qui fut le contemporain et l'émule de Bourgelat, en parlant du *tic* dans son « *Cours d'hippia-* « *trique* » qui parut en 1772, en dit ce qui suit dans un chapitre intitulé : « DU CHEVAL TIQUEUX : « On appelle, *en général*, TIQUEUX, « un cheval qui a contracté une habitude, pour ainsi dire un mouve- « ment perpétuel de la tête et du corps ou des jambes. Mais, *à pro-* « *prement parler*, un cheval *tiqueux* est celui *qui met les dents de* « *la mâchoire supérieure sur la mangeoire ou ailleurs*, ce qui fait « ouvrir la bouche et couler perpétuellement la salive : et la perte de « cette humeur fait dépérir l'animal. » — Comme tous ses prédécesseurs, Lafosse est muet sur *le tic de manger de la terre.*

— Le TIC, dit le docteur VITET, dans l'ouvrage qu'il publia en 1783 sur « *la médecine vétérinaire*, » « est un *mouvement convul-* « *sif du gosier accompagné d'un bruit particulier* absolument dis- « tinct du rot. » Il en distingue plusieurs variétés : 1° le *tic en l'air*, dans lequel l'animal *fait entendre cette espèce de hoquet, en con-* *tractant l'encolure d'une manière particulière*, mais sans appuyer les dents sur aucun corps étranger ; 2° le *tic d'appui*, dans lequel *il fait entendre ce bruit, en appuyant les dents sur le bord supérieur de la mangeoire, ou au fond, ou sur la longe, ou sur le licol, ou sur les bords du râtelier.*

Il n'est fait allusion, dans ce livre, à aucune autre espèce de tic que celle dont il vient d'être question.

— BOURGELAT, l'immortel fondateur des Ecoles vétérinaires, ne parle du *tic*, dans son « *Traité de la conformation extérieure du* « *cheval*, » qu'incidemment, et à propos de l'anatomie des dents.

« Nous appelons du nom de TIC, » dit-il, « toute habitude con- « tractée, de quelque nature qu'elle puisse être ; ainsi, le cheval qui se « berce continuellement de droite à gauche a le *tic de l'ours ;* celui « qui se campe mal, ou qui mord, ou qui rue, ou en qui on remarque, « enfin, une *action fréquente et réitérée consistant à ronger la* « *mangeoire ou le râtelier avec les dents, cette action étant suivie* « *et accompagnée d'un bruit ou d'une flatuosité désagréable, soit*

« *qu'elle soit exécutée* EN L'AIR, *ou* SUR LA BRIDE, *ou* SUR LE TIMON,
« *est un cheval* TIQUEUR. Il est aisé de reconnaître *aux dents* ceux
« qui tiquent sur la mangeoire, sur le râtelier et, même, sur le
« timon ; » ce qui implique, dans la pensée de l'auteur, que, quand
les chevaux tiquent *en l'air* ou sur la bride, les dents ne sont pas usées
comme dans *le tic d'appui,* et que, dès lors, on ne peut le reconnaître
à l'usure des dents.

Bourgelat, non plus, bien qu'ayant accordé une signification très-
large au mot *tic,* ne mentionne pas *le tic de manger de la terre.*

— Delabère-Blaine, professeur de médecine vétérinaire en An-
gleterre, dont l'ouvrage (*Notions fondamentales de l'art vétérinaire*) a été traduit en français en 1803, définit LE TIC « une action
« particulière du cheval par laquelle il est supposé *introduire de l'air
« dans son estomac,* ou, *peut-être, en rejeter, en appuyant les
« dents supérieures sur la mangeoire ou sur quelqu'autre point
« fixe.* » Il n'y est question d'aucune autre variété ou espèce de tic.

— Fromage de Feugré, l'un des écrivains vétérinaires les plus dis-
tingués, auteur de l'article Tic du « *Dictionnaire d'agriculture et de
« médecine vétérinaire* » de l'abbé Rozier, dont la dernière édition a
paru en 1815, s'y exprime ainsi :

« On appelle TICS certains MOUVEMENTS vicieux dont quelques ani-
« maux contractent l'habitude. Le cheval y est le plus sujet. Sa ma-
« nière la plus fréquente de *tiquer* consiste *à se contourner l'enco-
« lure en arc, à rapprocher le menton du poitrail, et à faire en-
« tendre au fond du gosier* UNE ESPÈCE DE BRUIT *après avoir serré
« entre les dents incisives l'auge, le râtelier, une barre, le timon
« d'une voiture, la longe du licol, quelquefois, même, le sabot de
« son pied ou autres objets qui sont à sa portée.* La plupart des
« chevaux qui tiquent avec appui ont le bord interne des dents inci-
« sives usé, soit aux deux mâchoires, soit seulement à l'une d'elles. Il
« est des chevaux qui *tiquent en l'air ;* c'est-à-dire en portant le
« nez en haut et en le ramenant, sans rien saisir entre les dents. »

Comme le fait prévoir la définition générale qu'il donne *des tics,*
Fromage de Feugré en reconnaît d'autres que celui principal dont il
vient de donner la description. Ainsi le *tic de l'ours,* qui consiste dans

un balancement particulier de la tête d'un côté à l'autre ; ainsi ceux, sans désignation spéciale, qui consistent, de la part du cheval, à se coucher comme les vaches, à se frotter le menton ou les genoux contre l'auge, à avoir la langue pendante ou à l'allonger ou retirer sans cesse pendant la marche (*langue serpentine*).

Enfin, cet auteur ajoute que LE TIC (il ne dit plus *les tics*) *n'est pas toujours apparent par l'usure des dents,* et que c'est avec raison que, dans certains pays, il est considéré comme un cas rédhibitoire.

Nulle part il n'est question, dans cet article, du *tic de manger la terre.*

— Deux ans après, en 1817, M. LE COMTE DE GASPARIN (aujourd'hui membre de l'Institut, membre de la Chambre des pairs à l'époque où la loi du 20 mai y fut discutée et votée) faisait paraître son « *Manuel* « *d'art vétérinaire,* » dans lequel le TIC est ainsi défini :

« *Mouvement convulsif du larynx* et de la mâchoire, qui devient « habituel dans un animal. *La mâchoire serre un corps étranger* « *et le larynx fait entendre* UN ROT. »

« Il faut remarquer, » ajoute M. de Gasparin, « que le cheval cherche « quelquefois à ronger ses longes de cuir et *la muraille,* SANS QU'IL « EXISTE DE CONTRACTION SPASMODIQUE, et seulement à cause de la « saveur salée qu'il se procure ainsi. C'est *le spasme seul* et *le cla-* « *quement qui l'accompagne qui constitue* LE TIC. »

— En 1824, GIRARD FILS, professeur à l'Ecole d'Alfort et rédacteur en chef du journal « *le Recueil de médecine vétérinaire,* » a publié, dans ce journal, sur LE TIC, un article fort étendu et très-estimé. Or, dans ce travail, l'auteur prend pour point de départ de son étude cette définition :

« On entend par *tic,* EN MÉDECINE VÉTÉRINAIRE, la mauvaise habi- « tude qu'ont contractée quelques chevaux DE ROTER *lorsqu'ils man-* « *gent,* en appuyant les dents supérieures sur la mangeoire, sur l'auge, « ou sur tout autre corps. »

Il est vrai que, à la fin de son article, après avoir établi qu'il y a deux espèces de tic, l'un avec, l'autre sans usure des dents, et en discutant la question de savoir si c'est seulement *le tic sans l'usure des dents* qui devrait être rédhibitoire, Girard émet l'avis que *tous* les tics, apercevables ou non à l'usure des dents, devraient être garantis par la loi. Mais, en lisant cette discussion, on voit que sous cette locution « *tous* « les tics » il n'entend parler que des différents modes suivant lesquels s'exécute *le tic* AVEC ÉRUCTATION, le seul dont il se soit occupé dans son mémoire.

Dans aucune partie de ce travail, pas plus que dans celui de M. de Gasparin, il n'est parlé du *tic de manger de la terre*.

— Un ouvrage considérable qui a paru en 1828 sous le titre de « *Dic-* « *tionnaire de médecine et de chirurgie vétérinaires,* » qui a pour auteur HURTREL D'ARBOVAL, et qui a joui longtemps d'une vogue méritée, commence par distinguer deux espèces de *tic : le tic avec éructation* et *le tic de l'ours*. Mais il se hâte de reconnaître que le véritable tic, LE TIC PROPREMENT DIT, est *le tic avec éructation*. Ce n'est, en effet, que pour ordre, et en se bornant à le définir, qu'il parle du tic de l'ours. Tout son article, qui est assez long, est consacré à l'étude du tic avec éructation. Il est vrai qu'il est question, dans le courant de cet article, de *l'habitude* qu'ont certains chevaux de *manger la terre :* mais l'auteur n'en parle que comme d'une habitude qui peut, *par suite,* faire contracter *celle de tiquer*. Pour lui, ce n'est pas LE TIC ; ce n'est même pas *un tic ;* c'est quelque chose *qui peut, par suite,* amener, faire contracter le tic. Puis, quand il traite de ce défaut (*le tic*) au point de vue rédhibitoire, il ne s'occupe que du tic *proprement dit,* c'est-à-dire du *tic avec éructation*.

— En même temps que le dictionnaire de Hurtrel d'Arboval, en 1828, parurent les « *Eléments de pathologie vétérinaire* » du professeur VATEL, de l'Ecole d'Alfort. Un court paragraphe est consacré au *tic,* que l'auteur regarde comme *un moyen employé par le cheval pour expulser des gaz qui le gênent dans l'estomac, en prenant une position ou un point d'appui favorable à la contraction des muscles qui doivent concourir à cette expulsion*. Aucune mention n'est faite dans les « *Eléments de pathologie,* » de quelqu'autre espèce de tic que ce soit.

— Enfin, comme dernière citation, je rappellerai un très-remarquable mémoire sur *le tic* qu'a publié, en 1848, M. FARGES, vétérinaire en chef à l'Ecole de cavalerie de Saumur, mémoire qui a été couronné, la même année, par la Société nationale et centrale d'agriculture.

M. Farges commence son travail par dire sommairement que certaines mauvaises habitudes contractées par les chevaux et qui ne s'accompagnent pas d'éructations, ont reçu par quelques personnes le nom de *tics ;* telles sont : le *tic de l'ours,* le *tic du menton,* le *tic rongeur* et quelques autres encore qu'il indique pour mémoire seulement, et parmi lesquelles ne se trouve pas le *tic de manger de la terre.*

Pour lui, il ne reconnaît que deux sortes de tic : le TIC EN L'AIR et le TIC D'APPUI, consistant, l'un et l'autre, dans une ÉRUCTATION que l'animal fait entendre *en étendant l'encolure et contractant les muscles inférieurs de cette région ; sans prendre de point d'appui dans le premier cas ; et, dans le second, en en prenant un sur un corps quelconque à sa portée.*

J'arrête là cette première série de citations. Toutes sont empruntées aux auteurs (hippiatres ou vétérinaires) dont les noms ont fait ou font encore autorité dans la science. Aucune opinion de quelque valeur n'a été omise.

Or, il en résulte clairement, ce me semble, que, loin que LES auteurs aient défini le mot *tic* comme le déclare le deuxième considérant du tribunal d'Auxerre ; pour TOUS, au contraire, quand il est employé seul et au singulier, sans aucun qualificatif complémentaire , il est *le tic proprement dit,* et il signifie :

Une habitude vicieuse qu'ont certains chevaux de faire entendre, le plus souvent lorsqu'ils mangent, une *espèce d'éructation* qui se produit au moyen d'une *contraction spasmodique des muscles de la région inférieure de l'encolure et de ceux du ventre ;* soit *en prenant un point d'appui avec leurs dents ou leur menton* sur un corps résistant quelconque (TIC D'APPUI); soit *sans prendre aucun point d'appui* (TIC EN L'AIR). — Il en ressort incontestablement, aussi, que TOUS ceux de ces auteurs qui parlent du tic *sans usure des dents* entendent parler, EXCLUSIVEMENT, du *tic avec éructation,* dans lequel, par suite de non-frottement ou de non-appui des dents sur des corps résistants lorsque cet acte s'opère, aucune usure irrégulière n'a été produite sur ces organes dont l'inspection, dès lors, ne peut faire soupçonner cette mauvaise habitude.

Ce qui caractérise LE *tic,* dans le langage vétérinaire, c'est donc, essentiellement, l'ÉRUCTATION spasmodique s'accomplissant avec ou sans appui, avec ou sans usure des dents, quelle que puisse être la lésion physiologique ou l'altération organique qui en provoque le besoin et en produise l'habitude.

Que si, dans ces derniers temps, *quelques* personnes ont cru pouvoir comprendre aussi, sous la désignation de « *tics,* » d'autres habitudes contractées par certains chevaux, telles que celles de se balancer la tête ou le corps d'un côté à l'autre ; de rentrer et faire sortir sans cesse la langue, ou de la laisser pendre et flotter hors de la bouche pendant la marche ; de se coucher comme les vaches, etc. ; il est constant que cet abus, que cette confusion de langage n'a pas été généralement sanctionnée : et, plus spécialement, il est constant que ce n'est qu'un infiniment petit nombre qui a appelé TIC «l'habitude de « manger de la terre. »

J'ajoute, et j'insiste sur ce point, que, dans tous les cas, jamais ceux-là même qui ont détourné de son sens primitif le mot «*tic,*» ne l'ont appliqué en dehors de ce sens, qu'en le faisant suivre d'un complément qualificatif expliquant la signification particulière qu'ils entendaient lui donner : ainsi le tic *de l'ours,* le tic *de se coucher en vache,* le tic *de manger de la terre,* etc. : autrement ils n'auraient pas été compris. Tandis que, si un vétérinaire, ou toute autre personne ayant quelqu'habitude des chevaux, lit ou entend prononcer le mot «*tic*» seul, sans autre spécification ; par exemple, si on lui dit : ce cheval *est tiqueur ;* cette jument a LE *tic;* ce poulain *tique;* etc. ; toujours, je l'affirme, ce vétérinaire ou cette personne comprendra, sans hésitation aucune et à l'instant même, qu'il s'agit pour ce cheval, cette jument ou ce poulain, de l'habitude de roter en contractant l'encolure avec ou sans point d'appui : il ou elle ne comprendra pas autre chose. Je ne crois pas m'avancer trop, non plus, en affirmant encore qu'il n'est pas un homme de haras, pas un écuyer, pas un maréchal, pas un marchand de chevaux qui, lorsqu'on parlera devant lui du *tic sans usure des dents,* ait l'idée d'appliquer cette dénomination à *l'habitude de se ba-*

lancer le corps, d'avoir la langue serpentine, de se coucher de telle ou telle manière, de manger de la terre, etc. J'aurais également ment affirmé qu'il ne me paraissait pas vraisemblable que cette idée vînt à un vétérinaire, si M. Huzard fils ne l'avait exprimée dans *la dernière* édition de son « *Traité des vices rédhibitoires,* » et si M. Thierry ne l'avait adoptée comme conclusion dans le procès-verbal que j'examine en ce moment.

Il me reste maintenant à examiner si le mot *tic* a et doit avoir, dans la loi du 20 mai, comme il y est exprimé et qualifié, la signification que nous venons de constater qu'il a dans la science vétérinaire et dans le langage hippique ; en d'autres termes, à examiner le fondement de cet autre considérant principal du jugement d'Auxerre, qui pose en fait que, sous la dénomination générale de « *tic sans usure des dents* » cette loi aurait rangé *un certain ordre d'affections* qu'il appartiendrait aux tribunaux d'apprécier, et dans lequel serait nécessairement comprise *l'habitude de manger de la terre.*

Pour justifier cette interprétation, le tribunal d'Auxerre, et, après lui, M. Huzard fils dans son livre et M. Thierry dans son mémoire à consulter, ont, surtout, argumenté de cette considération que *l'habitude de manger de la terre* étant un vice grave, antérieur à la vente et caché aux yeux de l'acheteur, il est équitable et conforme à l'esprit de l'art. 1641 qui, suivant eux, n'aurait point été complétement aboli par la loi du 20 mai dans ses effets sur les vices rédhibitoires des animaux domestiques, de l'admettre au bénéfice de la garantie : d'autant plus, que les termes de cette loi, loin de s'opposer à ce qu'il en soit ainsi, s'appliqueraient tout aussi bien, et mieux peut-être, au tic de manger de la terre qu'au tic avec éructation.

Je ne crois pas devoir m'arrêter à examiner s'il serait équitable que l'habitude de manger la terre fût, ou non, un vice rédhibitoire ; pas plus qu'à rechercher si ce vice réunit tous les caractères indiqués dans l'art. 1641 du Code civil. En présence de la loi du 20 mai, une discussion sur ce terrain serait sans objet. Suivant cette loi, qui est formelle à cet égard, parmi les vices du cheval, ceux-là « SEULS » sont réputés rédhibitoires, qui sont dénommés dans son article 1er. Toute la question se réduit dès lors, pour les tribunaux, quand il s'agit de savoir si un vice doit être déclaré rédhibitoire, à s'enquérir s'il est un de ceux inscrits dans cet article.

Je laisse donc de côté la question d'équité et de droit commun, sur laquelle je n'ai pas à m'expliquer, pour arriver de suite à la seule qu'il soit utile de discuter ici : celle de savoir si, d'après les termes et dans l'esprit de la loi spéciale qui régit la matière, *l'habitude de manger de la terre* peut et doit être considérée comme désignée dans la loi du 20 mai sous la dénomination inscrite dans cette loi de « LE TIC *sans* « *usure des dents.* »

Et, d'abord (tout en reconnaissant que la déclaration que je vais faire ne saurait peser d'un grand poids dans une discussion de cette nature), ayant eu l'honneur d'être membre et rapporteur de la commission ministérielle qui a préparé le projet de la loi du 20 mai, j'affirme que, dans la pensée unanime de cette commission, c'est bien *le tic proprement dit*, et pas d'autre, qui a été désigné dans ce projet sous le nom de « tic sans usure des dents. » MM. Yvart, inspecteur général des Ecoles impériales vétérinaires, et Bouley jeune, vétérinaire à Paris, qui ont été au nombre de mes collègues dans cette commission, pourraient le certifier au besoin.

Mais nous sommes ici en présence d'un texte ; et c'est dans ce texte même et dans tout ce qui, officiellement et publiquement, a concouru à l'établir, qu'il importe, avant tout, d'en chercher la signification légale. Or, rien ne me paraît plus facile ; et les développements qui précèdent abrègeront singulièrement cette seconde partie de ma tâche.

— Une première remarque importante à faire est celle-ci : Quiconque a lu l'exposé des motifs et les rapports faits aux Chambres lors de la présentation de cette loi, a certainement remarqué combien ministre et rapporteurs ont insisté sur cette pensée qu'en proposant, dans le projet, la fixation limitative et la dénomination des vices rédhibitoires, le gouvernement avait principalement pour but de laisser le moins possible à l'arbitraire des experts qui ne devaient plus avoir qu'à reconnaître l'existence ou la non-existence des vices soupçonnés, et non à rechercher si ces vices devaient, ou non, être regardés comme rédhibitoires ; et, par le même moyen, de fixer invariablement la jurisprudence sur les vices à admettre au bénéfice de la rédhibition. Or, n'aurait-il pas été contre ses intentions si sages et si hautement exprimées, si, à la désignation « le tic sans usure des dents » dont la signification est, on vient de le voir, si précise dans la technologie vétérinaire, il eût entendu donner le sens élastique et vague qu'on prétend qu'il lui a attribué ; si, comme le suppose le tribunal d'Auxerre, il eût compris, sous cette appellation, « *un certain ordre d'affections* » que les tribunaux, c'est-à-dire, en réalité, les experts, auraient eu à distinguer. Car, alors, que d'opinions diverses possibles ! que de chances de dissidences parmi les experts ! et, par suite, que d'incertitudes et de variations inévitables dans les décisions des tribunaux !

Si le vœu du législateur eût été celui qu'on lui prête, aurait-il dit « LE *tic ?* » Non ! il aurait dit et dû dire LES *tics.* Car « LE » implique l'idée d'*une* certaine espèce de tic ; d'*un* mode particulier, d'*une* manière déterminée de tiquer. « LE » indique qu'il s'agit de tel ou tel tic ; mais il ne peut signifier *tous* les tics ou plusieurs de ces tics. Ou bien c'est *le* tic d'éructation ; ou bien c'est *le* tic de manger la terre ; ou bien c'est *le* tic de l'ours : mais, manifestement, ce ne peut être chacun de ces tics. Car, encore une fois, comme ce sont là autant de manières de tiquer très-différentes, elles sont *des tics* et non pas *un tic.* Avec la pensée qu'on lui prête, le législateur aurait certainement fait pour ce vice rédhibitoire ce qu'il a fait pour un autre vice qui est inscrit dans la loi : il eût dit « *les tics* sans usure des dents » comme il a dit « *les* « *maladies* anciennes de poitrine.* » Il eût même eu une raison plus impérieuse de le dire ; puisque, à la rigueur, il y a plus d'analogie, assurément, entre une pleurésie ancienne, une pneumonie ancienne et une phthisie pulmonaire, ne serait-ce que par la contiguité et les rapports fonctionnels des organes malades, qu'entre l'habitude de roter en prenant ou ne prenant pas un point d'appui avec les dents, l'habitude de manger de la terre ou celle de se balancer le corps ou la tête à l'écurie, etc. Du moment, donc, qu'il a dit LE *tic,* il est hors de doute que le législateur qui, très-probablement, n'a pas voulu réformer le langage d'une science qu'il ignorait, a entendu donner à ce mot la signification qu'il avait dans cette science au moment où il a fait la loi.

Or, je viens de démontrer surabondamment quelle était cette signification.

Insistât-on, nonobstant, sur ce fait que, quelques vétérinaires ayant appelé du nom de *tic* d'autres habitudes que celle de l'éructation, la loi présente au moins de l'obscurité : je dirais encore que, alors, puisque la loi n'a inscrit qu'un seul tic (elle a dit « LE tic ») au nombre des vices rédhibitoires ; c'est à celle des habitudes vicieuses que *tous* les auteurs et praticiens (y compris même M. Huzard) appellent « LE *tic* PROPRE-« MENT DIT » que, dans le doute, il convient d'appliquer la désignation de la loi. Mais j'ajouterais que le doute est d'autant moins possible, à cet égard, que la loi a dit « LE tic SANS USURE DES DENTS, » et qu'il n'est pas un seul hippiatre ou vétérinaire ayant écrit sur cette matière, qui n'ait reconnu que cette désignation spéciale s'appliquait seulement à une variété du *tic avec éructation*.

Qu'on écoute, d'ailleurs, ce que disait M. le ministre du commerce combattant à la Chambre des pairs (séance du 17 février 1838, — *Moniteur du* 18) un amendement de la commission, qui proposait de rayer *le tic* du nombre des cas rédhibitoires. Après avoir rappelé la division du tic en celui avec et celui sans usure des dents (ce qui prouve déjà que c'est du *tic proprement dit* qu'il s'agissait dans sa pensée), il ajoutait. « Je répondrai que l'animal *tiqueur* ne manifeste pas CE « vice dans tous les instants ; tantôt il tique contre le râtelier, tantôt « contre le timon, tantôt contre le mors, tantôt contre sa longe. » De bonne foi, est-ce à aucun autre tic qu'à celui avec éructation que pouvaient s'appliquer ces paroles ? Est-il même possible de s'imaginer que, de près ou de loin, elles renferment la moindre allusion à *l'habitude de manger de la terre ?* » — Quelques instants après, le même ministre, répondant au rapporteur, disait : « Aux motifs que j'ai déjà « exposés, j'en ajouterai un autre ; c'est qu'il arrive souvent que CE « vice devient, en quelque sorte, *contagieux par l'imitation*. » Or, tout le monde sait, cela est écrit partout, que LE TIC *proprement dit* se propage par l'imitation ; et je ne sache pas, je n'ai jamais lu nulle part, qu'il en soit de même du *tic de manger de la terre.*

A supposer, donc, ce qui n'est pas, que le texte de la loi, absolument considéré, ait pu laisser quelqu'obscurité sur son sens véritable ; il me semble que ces quelques paroles suffisent à révéler assez clairement la signification qu'a entendu y attacher le législateur.

Quelques mots encore, Messieurs, pour achever d'éclairer, sur ce point, la religion du tribunal. Il s'agit de montrer comment les vétérinaires et les jurisconsultes qui ont écrit sur les vices rédhibitoires des animaux depuis la promulgation de la loi du 20 mai, ont compris et expliqué le sens à donner à ces mots « *le tic sans usure des dents.* »

Deux ouvrages spéciaux sur cette matière ont paru en 1839 ; l'un, intitulé : « *De la garantie et des vices rédhibitoires dans le com-* « *merce des animaux domestiques,* » est de M. HUZARD FILS, vétérinaire à Paris ; l'autre, sous le titre de : « *Guide des vendeurs et des* « *acheteurs d'animaux domestiques,* » est de BERNARD, alors directeur de l'Ecole royale vétérinaire de Toulouse et professeur du cours de garantie rédhibitoire à la même Ecole.

— Dans cette édition de son livre, M. Huzard dit d'abord, d'une manière générale, que le nom de *tic* s'applique à certaines habitudes particulières des chevaux, « au tic de l'ours, par exemple, et à D'AUTRES « *qui ne portent aucun préjudice à l'animal.* » Puis il fait connaître avec détails les deux variétés du tic avec éructation, à savoir : le *tic d'appui* et le *tic en l'air.* C'est ce tic, suivant lui, que la loi du 20 mai a réputé avec raison rédhibitoire, lorsqu'il n'est pas accompagné de l'usure des dents. « Sanctionnant en cela, » dit-il, « l'ancien usage de « Paris qui admettait à la rédhibition *le tic sans usure des dents.* » Cela est exact ; et j'en prendrai occasion de faire remarquer, M. Huzard pourrait en faire foi, que jamais le tribunal de commerce de la Seine, qui a eu de fréquentes occasions de se prononcer sur ce point, n'a jugé qu'il s'agissait là d'un autre tic que du *tic proprement dit.*

Mais si, dans cette première édition qui est son œuvre à lui seul, M. Huzard ne dit pas un mot du *tic de manger de la terre,* il n'en est plus de même dans celle qu'il a publiée en 1844 avec la collaboration de M. Harel, avocat à la Cour royale de Rouen. Dans cet ouvrage, qui ne diffère pas du premier en ce qui concerne « le tic proprement dit, » les deux auteurs, à propos du jugement rendu par le tribunal d'Auxerre en 1839, se fondant principalement sur des considérations d'équité et sur l'esprit de l'art. 1641 du Code civil, soutiennent que *l'habitude de manger de la terre* peut et doit être considérée comme étant *un tic sans usure des dents ;* et que, partant, le tribunal d'Auxerre a fait une juste application de la loi en déclarant ce vice rédhibitoire. Ils vont même plus loin : ils se demandent sérieusement « si le législateur, en « mettant *le tic sans usure des dents* au nombre des cas rédhibi- « toires, n'avait pas voulu EXCLUSIVEMENT parler du *tic de manger de* « *la terre*. »

Je me suis expliqué plus haut sur la valeur de la première partie de cette argumentation. Pour ce qui est de la dernière assertion, ce que j'ai dit dans le cours de ce rapport me dispense, je crois, de discuter le mérite d'un semblable paradoxe : aussi bien, MM. Huzard fils et Harel sont-ils les seuls qui aient songé à donner une telle signification à la loi.

— En effet, BERNARD, lorsqu'il traite du tic dans son « *Guide des* « *vendeurs et des acheteurs,* » décrit le *tic avec éructation* comme étant celui qu'a classé la loi au nombre des cas rédhibitoires. Le rot, suivant lui, forme le caractère essentiel de ce tic.

— Un peu plus tard, en 1842, a paru le « *Nouveau traité des vices* « *rédhibitoires,* » le plus important des ouvrages publiés sur cette matière : il a pour auteurs MM. MIGNON, vétérinaire, et GALISSET, avocat à la Cour de cassation. Voici ce qui est écrit dans ce *Traité* sur le sujet qui nous occupe :

« Dans son sens le plus étendu, *tic* signifie mauvaise habitude. « Mais, SELON LA PENSÉE DE LA LOI, expliquée clairement par ces « mots « *sans usure des dents,* » le tic que nous devons faire con- « naître est celui que caractérise essentiellement l'expulsion bruyante « de gaz par la bouche, expulsion qu'accompagne et concourt à pro- « duire la contraction des muscles de l'encolure et du tronc dont l'ac- « tion est indispensable à l'exécution de cet acte anormal. » Précisant mieux encore leur pensée, les auteurs ajoutent : « Ainsi, le tic *rédhi-* « *bitoire* réunit trois caractères : 1° expulsion bruyante de gaz par « la bouche ; 2° contraction des muscles nécessaires à cette expul- « sion ; 3° absence de toute usure des dents. » — Un peu plus loin, ils examinent le jugement du tribunal d'Auxerre, et déclarent « *erro-* « *née* et *inadmissible* » la doctrine sur laquelle il repose. — Enfin, dans un des paragraphes de leur résumé des développements dans lesquels ils sont entrés sur *le tic*, se trouve la proposition suivante : « *L'habitude de manger la terre*, le tic de l'ours, en un mot, tout « autre tic qui n'est pas celui que nous avons fait connaître, *n'est* « *point rédhibitoire.* »

Le chapitre concernant le tic est identiquement répété dans une deuxième édition de cet ouvrage qui a été publiée en 1852.

— M. RICHARD, directeur des études et professeur à l'Ecole des haras, ancien représentant du peuple, a fait paraître, en 1847, un travail fort estimé ayant pour titre : « *Traité de la conformation exté-* « *rieure du cheval.* » Un chapitre de cet ouvrage est spécialement consacré à l'étude des vices rédhibitoires. Ce vétérinaire s'y exprime ainsi à l'égard du tic : « LE *tic* est une manie ou un besoin éprouvé « par le cheval qui, pour le satisfaire, *appuie fortement les dents sur* « *la mangeoire ou tout autre corps, et fait entendre un bruit qu'on* « *désigne sous le nom de rot. Dans ce cas, le tic est dit* TIC D'APPUI. « Dans le *tic en l'air*, le cheval *lève la tête sans l'appuyer, pour* « *roter.* Ce n'est que lorsque les dents ne portent aucune trace de *ce* « vice, qu'*il* donne lieu à la rédhibition. »

— J'ai fait connaître, tout à l'heure, l'opinion, sur l'espèce, de l'ancien directeur de l'Ecole vétérinaire de Toulouse (Bernard) ; opinion que je déclare parfaitement conforme à celle qui a été depuis 1838, et est encore aujourd'hui enseignée à l'Ecole d'Alfort. Voici, maintenant, celle exprimée, sur le même sujet, dans un ouvrage récent, publié en commun par le directeur et les professeurs de l'Ecole vétérinaire de Lyon sous le titre de « *Dictionnaire général de médecine et de chi-* « *rurgie vétérinaires.* » — Après avoir, au mot « TIC, » indiqué les différentes significations qui lui ont été données, et établi que, en pathologie, LE TIC *proprement dit* est celui accompagné d'éructation avec ou sans appui ; les auteurs examinent *le tic* au point de vue de la jurisprudence commerciale, et ils déclarent, d'abord, que, à leurs yeux, LE TIC *proprement dit,* quand il existe *sans usure des dents,* est LE SEUL *qui soit rédhibitoire* d'après la loi du 20 mai ; puis ils ajoutent : « Le tic de l'ours et le tic QUI CONSISTE A MANGER DE LA « TERRE *ne doivent pas être considérés comme rédhibitoires.* »

— **Enfin**, qu'il me soit encore permis, Messieurs, de vous rappeler que, en 1842, la *Société vétérinaire de l'Yonne*, appelée par un de ses membres à examiner le jugement du tribunal d'Auxerre, a consigné son opinion en ces termes, dans le procès-verbal de la séance du 5 juin :

« Après avoir discuté longuement cette question, la majorité des
« membres émet l'opinion que, *selon l'esprit de la loi* du 20 mai 1838,
« on ne doit considérer comme tic *devant entraîner* la rédhibition
« que *celui qui se manifeste* PAR ÉRUCTATION, lorsque, toutefois, il
« n'y a pas usure des dents. »

Je dois dire que M. Thierry, membre et secrétaire de cette Société, confesse, avec une loyauté qui l'honore, que, alors, il a vivement appuyé cette opinion qu'il partageait, et a voté, en conséquence, avec la majorité.

Ici, Messieurs, se termine ce rapport, dont la longueur s'explique de reste, et se justifie par l'importance de la question de principe qui y est agitée ; par les controverses dont elle a été l'objet ; par les solutions différentes qu'elle a reçues, soit de la part de quelques hommes de science, soit, ce qui est plus grave, par les tribunaux. Vous penserez, sans doute, aussi, que, à raison de la nature toute spéciale de la matière, certains développements étaient nécessaires pour la rendre plus facilement appréciable à des magistrats.

Quoi qu'il en soit, en présence des considérations que j'ai cru devoir vous soumettre, et qui ne sont, pour la plupart, que l'expression condensée du faisceau d'autorités que je viens de mettre sous vos yeux, je crois inutile d'insister davantage sur l'examen de l'opinion exprimée par M. Thierry.

Evidemment, suivant moi, la conclusion formulée dans le procès-verbal de cet expert n'est pas fondée.

Evidemment, c'est faire violence au texte et à l'esprit de la loi du 20 mai 1838 ; c'est torturer, c'est dénaturer, c'est changer complétement la signification qu'ont dans la science et dans la pratique vétérinaires les mots « LE TIC *sans usure des dents*, » que de prétendre que, par ces mots, le législateur a entendu désigner exclusivement, ou seulement comprendre implicitement, l'habitude appelée par quelques personnes « *tic de manger de la terre.* »

Tel est, au surplus, Messieurs, l'avis que j'ai l'honneur de soumettre à la sagesse de vos délibérations ultérieures.

Fait à Alfort, le 5 décembre 1854.

EUG. RENAULT.

Voici, maintenant, le jugement rendu par le tribunal de Tonnerre, en suite du procès-verbal de M. Thierry, et de mon rapport :

« Entre le sieur Louis VALLIER, propriétaire, demeurant à Tonnerre, demandeur ;

Et le sieur Nicolas PLAGELET, voiturier, demeurant à Aisy, défendeur ;

Point de fait et conclusions.

Les faits antérieurs au vingt octobre dernier sont rapportés dans un jugement dudit jour, enregistré, par lequel le tribunal a ordonné qu'un rapport dressé par le sieur Thier y, artiste vétérinaire, demeurant à Tonnerre, serait adressé au directeur de l'Ecole vétérinaire d'Alfort qui a été dispensé du serment, pour être soumis à son appréciation, à l'effet par lui de dire, si, au vu de ce rapport, il admet ou non qu'il y ait chez le cheval qui en est l'objet, *tic sans usure de dents ;* pour être ensuite par le tribunal statué ce que de droit, au vu du susdit rapport et de celui qui sera dressé par mondit sieur le directeur de l'Ecole d'Alfort.

En exécution de ce jugement, le sieur Renault, directeur de l'Ecole vétérinaire d'Alfort, a procédé aux opérations à lui confiées et en a dressé son rapport qu'il a adressé à M. le Président du tribunal.

La cause ayant été appelée à l'audience du vingt décembre dernier, M⁰ Damé pour le sieur Vallier, a conclu à ce qu'il plaise au tribunal, déclarer la vente verbale faite par le sieur Plagelet à Vallier d'un cheval, moyennant deux cent vingt francs, résiliée ; en conséquence, condamner ledit Plagelet à reprendre le cheval dont s'agit, dans les trois jours du jugement à intervenir, à payer au demandeur les frais de nourriture, logement et garde dudit cheval, aux dommages-intérêts à donner par état, en dix francs de dommages-intérêts pour frais de défense et aux dépens.

M⁰ Rathier, pour le sieur Plagelet, a conclu à ce que le sieur Vallier soit déclaré non recevable dans sa demande et condamné aux dépens.

Le tribunal a continué la cause à ce jourd'hui pour prononcer son jugement.

Point de droit.

Les conclusions de la demande doivent-elles être adjugées ?

Ouï, les défenseurs des parties en leurs conclusions ;

Le tribunal après en avoir délibéré conformément à la loi, jugeant en dernier ressort :

Vu le rapport, en date du douze octobre mil huit cent cinquante-quatre, dressé par le sieur Thierry, expert à ce commis, enregistré à Tonnerre, le deux novembre suivant, dans lequel, après avoir signalé dans le facies extérieur du cheval, objet du débat, divers symptômes indiquant un mauvais état de santé sans aucune trace d'usure de dents, et après avoir constaté particulièrement que cet animal lèche et mord les murs, qu'il se jette avec avidité sur la terre qu'on lui présente et qu'il mange mieux que de l'avoine ; qu'abandonné dans un champ, il se met aussitôt à ramasser de la terre avec sa bouche et à la manger, l'expert termine par dire que tous ces symptômes caractérisent parfaitement une affection générale avec altération grave des voies digestives, se traduisant par cette aberration de l'appétit, qui porte l'animal à l'habitude vicieuse qu'on désigne sous le nom de *tic de manger de la terre ;* de tout quoi l'expert conclut que le cheval dont il s'agit est atteint de vice rédhibitoire, *le tic sans usure de dents ;*

Vu pareillement le rapport dressé, à la date du cinq décembre mil huit cent cinquante-quatre, par M. Renault, directeur de l'École vétérinaire d'Alfort, en conséquence du jugement de ce tribunal du vingt octobre dernier, enregistré, duquel rapport, qui sera enregistré avant le présent, il résulte que M. le directeur de l'École vétérinaire d'Alfort, sans contester les conséquences que l'expert Thierry a tirées des symptômes par lui signalés, est d'avis que ce serait faire violence au texte et à l'esprit de la loi du vingt mai mil huit cent trente-huit et changer complétement la signification qu'ont, dans la science, ces mots : *Le tic sans usure de dents,* que de prétendre que par ces mots le législateur a entendu désigner exclusivement ou seulement comprendre implicitement l'habitude appelée par quelques personnes *tic de manger de la terre ;*

Que le débat réduit à ces termes, il ne s'agit plus que de déterminer l'interprétation juridique de la loi.

Considérant à cet égard que l'article 1641 du Code Napoléon, n'a pas été abrogé par la loi du vingt mai mil huit cent trente-huit ;

Qu'il est seulement vrai de dire que l'article 1641, contient la définition générale des vices rédhibitoires et que la loi de mil huit cent trente-huit, en contient l'énumération exclusive ;

Que dans cette énumération figure pour les chevaux, mais sans définition particulière, le tic sans usure des dents ;

Que, s'il ressort du rapport susvisé de M. le directeur de l'École vétérinaire d'Alfort que, dans le sein de la commission scientifique appelée par le gouvernement pour l'élaboration de la loi de mil huit cent trente-huit, et dont il a été le rapporteur, on a eu en vue *uniquement* l'affection qui se manifeste *par l'éructation*, non-seulement il n'en ressort pas que si cette commission eût été appelée à s'en expliquer catégoriquement, elle eût entendu exclure la même affection qui se manifeste par l'action de manger de la terre, mais qu'il en résulte encore moins que le gouvernement, qui avait la haute main sur l'élaboration de la loi, ait entendu l'exclure;

Qu'en droit, omission n'est point exclusion, et que si la loi de mil huit cent trente-huit n'a pas donné la définition de ce qu'elle entendait par le tic sans usure des dents, on trouve cette définition dans le langage du ministre de l'agriculture et du commerce dans l'exposé des motifs de la loi et dans la discussion devant la Chambre des pairs :

« Le tic a-t-il dit, n'est considéré comme rédhibitoire qu'autant qu'il ne
« peut être reconnu à l'usure des dents; il est presque toujours le sym
« ptôme d'une affection chronique de l'estomac. . . . .
« . . . . Le tic est une habitude vicieuse qui déprécie l'ani
« mal, qui en diminue la valeur, puisque l'animal s'amaigrit et que la mort
« peut en être la conséquence. . . . .
« . . . . L'animal tiqueur ne manifeste pas ce
« vice dans tous les instants, tantôt il tique contre le râtelier, tantôt contre
« le timon, tantôt contre le mors, tantôt contre sa longe quand elle est en
« corde ou en cuir ; »

Qu'il suit bien évidemment de la généralité de ces expressions, que dans le sens de la loi, le tic n'est pas autre chose qu'une *habitude vicieuse indiquant une affection chronique de l'estomac sans usure des dents ;*

Qu'il importe peu, dès lors qu'elle se manifeste par l'*éructation* ou par l'*action de manger de la terre,* puisque la loi ne l'a pas dit et que la discussion n'indique pas qu'elle ait voulu le dire;

Qu'il est singulièrement à remarquer, en effet, que dans les diverses phases législatives qu'a subies la loi mil huit cent trente-huit, et malgré les longues et vives discussions auxquelles le tic en particulier a donné lieu, il n'a pas été dit un mot, ni de l'*éructation* ni de l'*action de manger de la terre :* Que là, où il y a même raison, il y doit y avoir même décision, d'où suit, et cela n'a pas été contesté, que le tic qui se manifeste par l'action de manger de la terre indiquant comme le tic qui se manifeste par l'éructation, une altération grave des voies digestives qui rend l'animal impropre au service auquel on le destine, il est rationnel, il est juste que l'action rédhibitoire soit la conséquence de l'un comme de l'autre, quand l'usure des dents ne les a pas révélés;

Et attendu que, suivant le rapport susvisé de l'expert Thierry, tel est le cas dans lequel se trouve le cheval, objet du litige ;

Déclare résiliée la vente verbale faite de ce cheval par Plagelet à Vallier, le trente septembre dernier ; ordonne, en conséquence, que Plagelet sera tenu de le reprendre dans la huitaine du présent jugement ;

Condamne Plagelet en vingt francs de dommages-intérêts envers Vallier, pour toutes choses et aux dépens. »

— Malgré tout mon respect pour la chose jugée, et, en particulier, pour le tribunal dont je viens de faire connaître la décision ; malgré mon peu de compétence à discuter des questions ressortissant essentiellement au domaine du droit ; il m'est impossible d'admettre un seul instant comme fondés les considérants sur lesquels les magistrats qui l'ont rendue ont cherché à étayer cette décision.

L'affaire soumise au tribunal était des plus simples. Le cheval objet de la contestation avait-il ou n'avait-il pas *le tic sans usure des dents ?* Voilà seulement ce qu'il y avait à rechercher. Dans l'affirmative, il y avait lieu par le tribunal à prononcer la rédhibition : dans le cas contraire, à repousser la demande.

Qu'a-t-on fait ?

L'expert, par des raisons d'équité dont je ne veux pas blâmer le mobile, après avoir constaté que le cheval a *l'habitude de manger de la terre,* prenant le mot « TIC » non dans son acception vétérinaire, qui est celle de la loi, mais dans le sens tout à fait général qu'il a dans le langage ordinaire ; considérant que les dents de l'animal ne portaient pas de traces d'usure, en conclut qu'il s'agit là du *tic sans usure des dents,* et, partant, du vice désigné sous cette appellation dans la loi du 20 mai 1838.

Au vu de cette conclusion, le tribunal éprouve des scrupules ; il ne la trouve pas suffisamment motivée pour la prendre pour base d'un jugement définitif : il y a là, à ses yeux, comme il le dit avec raison dans son jugement de renvoi, « une question de *principes vétérinaires.* » Aussi, afin d'être plus amplement éclairé sur cette question qui, par sa spécialité, échappe à son appréciation, il charge un second expert de lui dire « s'il résulte du procès-verbal du premier, que le cheval qui en « fait l'objet a bien « *le tic sans usure des dents.* »

Le second expert ne partage pas l'avis du premier. Comprenant l'hésitation du tribunal qui le consulte, il ne se contente pas de lui faire connaître son opinion personnelle qu'on lui demandait seulement : il s'attache, au contraire, à faire passer sous ses yeux une masse de citations toutes parfaitement concordantes, desquelles il résulte surabondamment que, à *toutes* les époques, pour *tous* les hommes de science comme pour *tous* les praticiens, les mots « *le tic sans usure des* « *dents* » ont toujours eu la même signification pour ce qui en constituait le caractère : il démontre que cette signification n'est pas, n'a jamais été celle que lui a donnée le premier expert. Il fait plus, il prouve que, à une exception près, tous les auteurs, vétérinaires comme jurisconsultes, qui ont écrit sur la loi du 20 mai, ont considéré « *le tic sans* « *usure des dents* » comme étant « le tic *avec éructation,* » et nullement *l'habitude de manger de la terre* que la plupart d'entre eux ne regardent même pas comme un tic.

Si l'hésitation du tribunal tenait à son incertitude sur la question de « principes vétérinaires, » rien n'était plus propre à la faire cesser que ce tableau fidèle et si complet de l'opinion unanime des vétérinaires, qu'on venait de lui présenter.

C'est donc avec une véritable surprise que j'ai lu, et, je n'en doute pas, que les vétérinaires liront le jugement rendu dans un sens si complétement opposé aux conclusions du rapport ; jugement qui, je le crois fermement, et je n'hésite pas à le répéter, soit par la doctrine qui lui sert de point de départ et sur laquelle il repose, soit par l'interprétation qui y est donnée de la loi du 20 mai, *torture, dénature, change complétement,* et l'esprit général de cette loi, et la signification que, d'accord avec la science et la pratique vétérinaires, le législateur a entendu donner à cette désignation « *le tic sans usure des dents.* »

Je vais essayer par quelques mots de compléter la démonstration de ce que j'avance, déjà faite en grande partie, si je ne m'abuse, par les faits et les raisonnements accumulés dans mon rapport.

Et d'abord, au point de vue des principes, pour quiconque a étudié les circonstances desquelles est née et en vue desquelles a été préparée la loi du 20 mai, il ne fait pas doute que la pensée du gouvernement qui a présenté cette loi et des Chambres qui l'ont votée, a été d'enlever aux tribunaux et aux experts la trop grande latitude d'appréciation que leur laissait la législation d'alors dont tout le monde demandait la réforme.

« On ne peut méconnaître, » disait, dans l'exposé des motifs, l'éminent jurisconsulte alors ministre du commerce, « on ne peut mécon-« naître que la législation actuelle, en abandonnant aux tribunaux « *l'appréciation* de circonstances aussi diverses, leur laisse une trop « grande latitude pour leurs décisions, et substitue souvent *l'arbi-« traire* aux principes *fixes et invariables* qui devraient leur servir « de règle. » Et plus loin : « Le projet de loi qui vous est soumis « *prescrit* aux tribunaux des règles *certaines,* dont l'effet sera de « mettre un terme à la contrariété des jugements. »

De son côté, le rapporteur du projet de loi à la Chambre des pairs a dit : « Il est rare que les tribunaux, on doit le reconnaître, puissent « juger par leurs propres lumières les causes de cette nature qui leur « sont soumises : l'on ne saurait raisonnablement exiger des juges *les* « *connaissances nécessaires* pour cela. »

Un peu après, en parlant des experts, le même rapporteur ajoute. « En réduisant ainsi la question litigieuse à *la simple constatation* « *d'un fait,* vous laissez moins de part à *l'arbitraire* des décisions « souvent conjecturales de la science vétérinaire, et vous diminuez « d'autant les chances d'erreur dans les jugements rendus. »

Parlant dans le même sens, l'un des membres les plus influents de la Chambre des pairs, M. le baron Mounier, a dit : « Il était nécessaire « de chercher une règle uniforme et générale, qui pût comprendre « deux choses : 1° *la définition des vices rédhibitoires,* pour ne pas « rester sous le coup de *l'arbitraire de l'appréciation locale;* 2° la « fixation des délais. » Or, cette définition des vices rédhibitoires, l'honorable pair la trouvait suffisamment établie par la désignation nominative de ces vices faite dans l'art. 1er du projet de loi.

J'ajouterai que ce que, dans son remarquable rapport à la Chambre des députés, M. Lherbette reprochait surtout à la législation alors en vigueur, c'était « *la latitude discrétionnaire* qu'elle laissait au pou-« voir des juges ; c'était *la latitude plus grande encore et moins* « *convenable* qu'elle laissait aussi aux experts. »

Ainsi, lors de la présentation comme pendant la discussion de la loi du 20 mai, à chaque instant cette pensée s'est produite, qu'il fallait, par une désignation nette, précise, rigoureusement limitative des vices rédhibitoires, ne laisser plus aux experts aucune latitude, aucun pouvoir d'appréciation : il fallait qu'ils n'eussent plus qu'à rechercher et dire si le vice soupçonné existe ou n'existe pas. Il fallait que les tribunaux, une fois ce vice bien constaté par le ou les experts, n'eussent plus qu'à rechercher s'il était un de ceux réputés rédhibitoires par la loi ; et, dans l'affirmative, à prononcer la rédhibition. C'est dans ce sens, en effet, que s'exprime énergiquement M. Lherbette dans son rapport. « Dans le système de la loi, » dit-il, « les tribunaux n'auront « plus, pour admettre ou pour rejeter une action en rédhibition, à « examiner l'apparence, la gravité, l'incurabilité, la fréquence, la du- « rée d'incubation, les effets, du vice allégué. *Est-il, oui ou non, com-* « *pris dans la nomenclature de la loi ?* L'action a-t-elle été, oui ou « non, intentée dans les délais légaux ? Voilà les *seules* questions « simples qu'ils auront à résoudre. »

Si c'est là la pensée de la loi, qu'est-ce donc, sinon une hérésie de droit, dans l'espèce, que cette doctrine admise et appliquée dans le jugement de Tonnerre, qui professe que si l'art. 1er de la loi du 20 mai contient l'énumération des vices rédhibitoires, elle ne les définit pas ; et qui semble dire que c'est dans l'art. 1641 du Code Napoléon, non-abrogé par cette loi, qu'il convient de chercher la définition générale de ces vices ? — Ne ressort-il donc pas avec la dernière évidence de tout ce qui a été dit pendant le cours des débats dont la loi a été l'objet, ne respire-t-il pas dans l'exposé des motifs, non pas, il est vrai, que son art. 1er abrogeait l'art. 1641 qui s'applique aussi à d'autres matières ; mais qu'il se substituait entièrement, absolument à cet article en ce qui avait trait aux vices rédhibitoires des animaux domestiques dont cette loi s'occupait ? Autrement, quelle serait la raison d'être de cette loi ? quel changement sérieux aurait-elle apporté à la législation à laquelle elle ne succédait que pour la réformer, si, en ce qui concerne l'appréciation des vices rédhibitoires, elle n'avait pas complétement remplacé cet art. 1641 dont la généralité et le vague paraissaient aux législateurs être la cause principale de tout le mal auquel ils voulaient remédier?

C'est donc à tort, en droit, que le tribunal de Tonnerre recherche dans les termes et l'esprit de l'art. 1641 les motifs d'une décision dans laquelle il ne pouvait s'agir et ne s'agissait que de la question de savoir si le vice dont était affecté l'animal objet du procès devait être rédhibitoire. La seule règle à consulter dans cette circonstance, comme toutes les fois qu'il y a lieu de s'enquérir si un vice est ou n'est pas rédhibitoire, c'est la loi du 20 mai : il n'y en a pas d'autre. Veut-on savoir quel est, à cet égard l'avis de la Cour de cassation ? Le voici très-nettement formulé dans un arrêt de la chambre civile du 7 avril 1846, lequel pose ainsi les principes en l'espèce :

« Vu la loi du 20 mai 1838 ; — attendu que cette loi *spécifie* et *li-« mite* les cas qui doivent être réputés vices rédhibitoires ; — que « l'art. 1er déclare que ces cas donneront *seuls* ouverture à l'action « résultant de l'art. 1641 du Code civil, dans les ventes et échanges de « certains animaux domestiques ; qu'il suit de là que l'action rédhibi-« toire ne peut être intentée hors les cas *formellement spécifiés* dans « la loi du 20 mai 1838....... »

Il est donc inutile que j'insiste davantage sur la question de doctrine. Il me paraît suffisamment établi que l'art. 1641 n'a rien à faire en matière de détermination, de définition de vices rédhibitoires dans les animaux dont s'est occupé la loi du 20 mai. J'arrive à la question spéciale du *tic*.

Si « *le tic sans usure des dents,* » dit le jugement de Tonnerre, figure dans l'énumération des vices rédhibitoires faite par la loi du 20 mai, il y existe *sans définition particulière*.

Mais, d'abord, est-ce qu'il n'a pas cela de commun avec tous les autres vices qui figurent dans cette loi? Est-ce qu'aucun d'eux y a sa définition particulière? Et puis, est-ce qu'il était possible que cette loi contînt ces définitions toutes du domaine de la science? Est-ce que cela était nécessaire?

« Dans une loi aussi usuelle, il fallait appeler les choses *par leur* « *nom*, précisément parce que ces noms sont communs, *qu'ils sont* « *consacrés par le vocabulaire de la maréchalerie,* qu'ils sont

« connus de tout le monde. » (*Marquis de la Place, rapporteur de la commission de la Chambre des pairs ; réponse à M. le baron Mounier.*)

Et, en effet, il n'est pas un seul des vices énumérés dans la loi du 20 mai, dont le nom ne soit parfaitement compris, avec sa signification précise, par tous les hommes que cette loi intéresse, et notamment, je n'ai pas besoin de le dire, par les vétérinaires. Aussi, est-ce à ceux-ci, experts naturels dans ces sortes de cas, que les tribunaux s'adressent journellement pour leur demander, non pas la définition du vice soupçonné ou constaté, ils n'en ont que faire ; mais tout simplement le nom de ce vice. Que si, à raison de l'importance du procès, ou par suite d'un doute qui inquiète leur religion, ils sentent le besoin d'un second avis, ils s'adressent à un nouvel ou à de nouveaux experts à qui ils demandent de plus amples renseignements ; après quoi ils prononcent suivant l'impression qu'ils ont reçue de ces avis.

C'est précisément ce qu'a fait le tribunal de Tonnerre. Seulement, il y a cela de singulier dans sa décision, on me permettra de le faire remarquer, qu'elle était incertaine après le premier procès-verbal, parce que le sens *vétérinaire* des mots « *le tic sans usure des dents* » ne lui paraissait pas assez clairement établi par l'expert ; et qu'elle s'est produite conforme précisément aux conclusions de ce premier procès-verbal, après que le second expert a eu fait la démonstration complète, péremptoire, que ces mots avaient, *en vétérinaire,* une signification toute différente de celle que lui prêtait ce procès-verbal. Il faut en inférer que le tribunal s'est guidé, dans cette circonstance, par d'autres principes que « les principes vétérinaires, » en lesquels, pourtant, il disait, dans son jugement de renvoi, que gisait toute la question. Les tribunaux ont certainement le droit de suivre ou de ne pas suivre l'avis de tel ou tel expert ; je suis très-loin de le contester : mais nous, hommes du métier, qui, en matière de choses vétérinaires, nous trouvons sur notre terrain, si nous avons une opinion différente de celle du tribunal, que nous croyions plus vraie, nous avons le devoir, dans l'intérêt de la justice, de signaler, afin d'en prévenir s'il est possible la répétition, ce que nous regardons comme des erreurs.

Or, les juges de Tonnerre me paraissent s'être étrangement trompés dans l'application qu'ils ont faite de la loi du 20 mai à *l'habitude de manger de la terre*. Je vais essayer de le démontrer, en examinant successivement la valeur des considérants établis par le tribunal comme exposé des motifs de son jugement. Voici le premier :

« Il peut être vrai que la commission scientifique qui a préparé le
« projet de loi ait eu en vue uniquement *l'affection* qui se manifeste
« par *l'éructation ;* mais il n'en ressort pas que, si cette commission
« eût été appelée à s'en expliquer catégoriquement, elle eût entendu
« exclure *la même affection* qui se manifeste par *l'action de man-*
« *ger de la terre ;* il en ressort encore moins que le gouvernement,
« qui avait la haute main sur l'élaboration de la loi, ait entendu l'ex-
« clure. »

Je ferai, sur ce considérant, plusieurs remarques. Je dirai d'abord que ni pour la commission, ni pour le gouvernement, il ne s'agissait d'une *affection,* d'une maladie. Il s'agissait d'un symptôme ; il s'agissait du TIC. Or, le mot tic, comme il était *défini,* « le tic *sans usure* « *des dents* » avait, dans la pensée de la commission, un sens tellement précis, tellement circonscrit, que ni le gouvernement, qui s'inspirait de ses avis, ni elle, ne pouvait être préoccupé ou saisi, à son occasion, de la question de savoir s'il s'appliquait aussi *à l'habitude de manger de la terre ;* parce que, aussi, ni les Écoles, ni les ouvrages vétérinaires, ni les hommes de pratique, ni les usages, qu'ils avaient consultés pour établir la nomenclature, n'avaient dit, écrit ou imaginé alors, que cette habitude eût avec le tic sans usure des dents aucune relation. C'est « *le tic sans usure des dents* » comme il était connu et défini dans la science et dans la pratique avant 1838, que le législateur a inscrit dans la loi ; et non, évidemment, une habitude que, *depuis,* notez bien ceci, « depuis » il a plu à une ou deux individualités vétérinaires de décorer de ce nom. Or, est-il raisonnable de soutenir que le législateur ait entendu comprendre sous une appellation qu'il a écrite dans la loi, un vice qui n'était pas connu, du moins sous le nom qu'on prétend lui donner aujourd'hui, à l'époque où cette loi a été préparée ? Une pareille opinion ne me paraît pas soutenable un seul instant.

J'ajouterai, dans tous les cas, qu'en supposant que la commission scientifique et le gouvernement, s'ils eussent été saisis de la question de savoir si *le tic de manger de la terre* devait être, comme le tic *avec éructation,* admis au bénéfice de la rédhibition, l'auraient probablement résolue par l'affirmative, le tribunal établit une hypothèse, exprime une croyance ; et je ne sache pas qu'il soit d'une justice bien rigoureuse d'asseoir un jugement sur une hypothèse.

Qu'il me soit permis aussi de demander, dans la supposition où il serait vrai d'une manière générale, que, en droit, « omission n'est pas « exclusion, » si cet axiome, dont s'autorise le jugement, est bien applicable à l'espèce. Je ne suis pas jurisconsulte, je ne cesse de le répéter et j'en donne peut-être la preuve en ce moment ; mais il me semble que dans une loi spéciale, dans une loi qui, précisément, *exclut* formellement du bénéfice de la rédhibition tous les vices, quels qu'ils soient, qu'elle n'a pas nominativement désignés, un vice qui n'y est pas indiqué, fût-ce par omission, ne pourrait pas ne pas en être, en droit comme en fait, considéré comme formellement exclu.

Le jugement insiste surtout sur ce que le ministre aurait dit, en présentant et en discutant le projet de loi, que le tic était presque toujours le symptôme d'une affection chronique de l'estomac ; et, par une induction plus que hardie, il en infère que c'est l'affection chronique de l'estomac qui est le vice rédhibitoire ; et que, dès lors, toute habitude qui a pour cause une lésion chronique de l'estomac, si elle ne s'accompagne pas de l'usure des dents, devra être considérée comme étant le vice désigné dans la loi sous le nom de *« tic sans usure des dents. »*

En bonne logique, un raisonnement de cette nature, quand il s'applique à quelque chose d'aussi sévère que la loi, pourrait n'être pas discuté. Qu'il me suffise de faire remarquer que cette induction, qui n'eût pas été admissible, même si le ministre avait dit que le tic était *toujours* le symptôme d'une lésion chronique de l'estomac, l'est bien moins encore quand on fait attention qu'il s'est borné à dire qu'il était *« presque toujours...... »*

En effet, si ce n'est pas toujours, il y a donc des cas (ce qui est vrai très-souvent) où cette lésion chronique ne coïncide pas avec le tic : le tic peut donc exister et être rédhibitoire sans cette lésion : il y a donc eu, en dehors de cette lésion, des motifs suffisants pour le classer, en tant que tic, au nombre des vices rédhibitoires : la lésion de l'estomac n'a donc pas été la cause déterminante, et encore moins la cause unique qui l'a fait admettre au nombre de ces vices. C'est, dès lors, conclure illogiquement que d'inférer de ce qu'une habitude, un tic même, si vous le voulez, décèle une lésion chronique de l'estomac, elle doit, par cela seul, être considérée comme étant le vice désigné dans la loi sous le nom de « *tic sans usure des dents.* »

Et voyez jusqu'où, une fois sur une pareille pente, les meilleurs esprits peuvent se laisser aller. Des expressions du ministre que le jugement vient de citer, il résulterait seulement que le tic est *presque toujours* le symptôme d'une affection chronique de l'estomac : et, cependant, le tribunal n'hésite pas à en déduire cette proposition absolue : « que, dans le sens de la loi, le tic n'est *pas autre chose* qu'une « habitude vicieuse indiquant *une affection chronique de l'estomac* « sans usure des dents. »

Un mot encore, à propos du dernier considérant. Il y est exprimé que, « du moment que dans les diverses phases législatives qu'a subies la loi de 1838, et malgré les discussions auxquelles le tic en particulier a donné lieu, il n'a pas été plus parlé de *l'éructation* que de *l'action de manger de la terre,* il y a même raison à admettre à la rédhibition le tic qui se manifeste par cette action que pour y admettre celui qui se manifeste par un rot ; puisque l'un et l'autre indiquent une altération grave des voies digestives qui rend l'animal impropre à l'usage auquel on le destine, et que l'un pas plus que l'autre n'est apercevable à l'usure des dents. »

On le voit, c'est toujours la même idée qui perce : c'est l'idée que ce serait la lésion de l'estomac que, sous le nom de tic, le législateur aurait entendu désigner dans la loi. Aussi me bornerai-je à faire la même objection : c'est qu'il ne s'agit pas, dans la loi, d'altération grave des voies digestives ; il n'y est question que du « *tic sans usure des* « *dents.* »

Que si on insiste sur ce que dans la discussion ni dans l'exposé des motifs, il n'aurait pas été plus parlé de *l'éructation* que de *l'action de manger de la terre ;* je ferai observer qu'il ne pouvait y être parlé de l'action de manger de la terre, puisque, comme je l'ai dit plus haut, cette action, dans la pensée de personne, n'avait le moindre rapport avec le tic. Quant à l'éructation, puisque le tic, à propos duquel on discutait, consiste essentiellement dans l'éructation, il saute aux yeux qu'il était question de celle-ci quand on parlait de celui-là. Que si on en doute, qu'on lise ce qu'ont déclaré itérativement ministres et rapporteurs, et qu'on se reporte aux sources auxquelles ils ont décloré qu'ils s'étaient inspirés.

« Pour composer la nomenclature des vices rédhibitoires, il a paru « convenable au gouvernement :

« 1° . . . .

« 2° De n'admettre que les vices ou défauts réputés rédhibitoires « *par les anciens usages* et *la science vétérinaire*, et signalés par « *les départements comme se reproduisant le plus ordinaire-* « *ment* » (*Exposé des motifs.*)

— « Pour former la nomenclature des vices rédhibitoires, il nous a « fallu recourir *à la science des vétérinaires, interroger leurs* « *écrits*, entendre leurs explications. » (*Lherbette, — Rapport à la Chambre des députés.*

Or, *aucun* ancien usage n'admettait à la rédhibition l'habitude de manger de la terre ; et *aucun* département, pas même celui de l'Yonne, ne l'avait signalée, dans ses réponses aux circulaires de 1834 et de 1837, parmi les vices à proposer comme rédhibitoires. Quant à la science vétérinaire, le tribunal a eu sous les yeux, dans mon rapport, tous les écrits qui la constituent et la résument sur ce point, écrits qu'ont consultés le gouvernement et les commissions des Chambres, comme le déclarent l'exposé des motifs et les deux rapports ; et il a dû se convaincre qu'ils n'ont pu y rien trouver qui leur donnât l'idée d'appliquer à l'habitude de manger de la terre, l'appellation « le tic sans « usure des dents » qu'ils ont écrité dans l'art. 1er de la loi.

On a vu que la même pensée avait été exprimée, en d'autres termes, par M. le marquis de La Place, quand il disait dans un passage de son rapport à la Chambre des pairs : « Dans une loi aussi usuelle, il fal- « lait appeler les vices qu'on voulait rendre rédhibitoires par leur « nom, *parce qu'ils sont consacrés par le vocabulaire de la ma-* « *réchalerie.* » Or, on peut remuer, compulser tous les ouvrages, tous les dictionnaires qui ont été écrits sur la maréchalerie ; et je défie que, dans aucun, on trouve que l'habitude de manger de la terre ait jamais été indiquée sous le nom de *tic avec ou sans usure des dents.*

Je termine en disant que, en voulant être équitable, le tribunal a, suivant moi, méconnu, dans sa généralité comme dans son essence, l'esprit évident de la loi du 20 mai 1838 ; et que, mal éclairé ou mal inspiré sur la question des principes vétérinaires, il a faussé, en l'appliquant à *l'habitude de manger de la terre*, la disposition de l'art. 1er qui admet à la rédhibition « *le tic sans usure des dents.* » Et telle est ma conviction à cet égard, que je ne doute pas un seul instant que, si le jugement dont s'agit était déféré à la Cour suprême, il y serait certainement l'objet d'un arrêt de cassation.

Paris. — Typographie de E. et V. PENAUD frères, 10, rue du Faubourg Montmartre.